"十三五"职业教育部委级规划教材

江苏省现代职业教育体系建设试点"3+3"中高职衔接教材

服装结构制图

吴海燕　庄立新　编著

中国纺织出版社

内 容 提 要

本书是中高等职业院校服装设计与工艺、服装与服饰设计专业教学的教材。本书分五个项目，内容包括：服装制图基础知识、女裙结构制图、裤装结构制图、衬衫结构制图和正装结构制图。

本书主要讲述服装制图的基础知识，系统介绍了各类服装的计算公式、基本结构图及结构制图变化方法，并列举大量图示对各种常用服装的制图方法与步骤进行了详细的说明。通过服装结构制图的学习，培养学生基本款式的制板能力和对服装结构制图变化的应变能力。本书注重基本训练，依据中高职学生的特点，着重体现项目教学法，将所学的内容融入各个操作步骤中。书中所用服装均以基本款为基础并加以变化，同时力求文字简洁易懂，由简至繁，由浅入深，由易到难，以方便学生自主学习，通过学习可满足学生就业的基本要求。

本书适用于中高职院校服装专业教学，也可供服装从业人员参考学习。

图书在版编目（CIP）数据

服装结构制图/吴海燕，庄立新编著 . —北京：中国纺织出版社，2017.10 （2023.2 重印）

"十三五"职业教育部委级规划教材 江苏省现代职业教育体系建设试点"3+3"中高职衔接教材

ISBN 978-7-5180-3969-2

Ⅰ . ①服… Ⅱ . ①吴… ②庄… Ⅲ . ①服装结构—制图—中等专业学校—教材 Ⅳ . ①TS941.2

中国版本图书馆CIP数据核字（2017）第209013号

责任编辑：宗 静 特约编辑：王梦琳 责任校对：楼旭红
责任设计：何 建 责任印制：何 建

中国纺织出版社出版发行
地址：北京市朝阳区百子湾东里A407号楼 邮政编码：100124
销售电话：010－67004422 传真：010－87155801
http://www.c-textilep.com
E-mail：faxing@c-textilep.com
中国纺织出版社天猫旗舰店
官方微博http://weibo.com/2119887771
唐山玺诚印务有限公司印刷 各地新华书店经销
2017年10月第1版 2023 年 2 月第 3 次印刷
开本：787×1092 1/16 印张：6
字数：85千字 定价：39.80元

前言

Preface

　　《国家中长期教育改革和发展规划纲要（2010—2020年）》提出，到2020年，形成适应经济发展方式转变和产业结构调整要求、体现终身教育理念、中等和高等职业教育协调发展的现代职业教育体系，满足人民群众接受职业教育的需求，满足经济社会对高素质劳动者和技能型人才的需要。因此，实现中等和高等职业教育协调发展是我国现代职业教育体系构建的战略目标。

　　目前，中职服装设计与工艺专业与高职服装与服饰设计专业教育的相互衔接和贯通越来越受到社会的广泛关注，实践也证明：通过中高职衔接，实行六年一贯制的培养，可以使服装技术技能人才的知识、能力、水平等综合素质得到大幅度的提升，为行业企业转型升级和经济社会发展提供有效的人力资源支撑。

　　本系列教材为中职高职服装与服饰设计专业人才培养而编写，是江苏省现代职业教育体系建设试点立项课题"现代学徒制服装设计专业中高职衔接人才培养体系的构建"（201517）阶段性成果之一，也是"十三五"职业教育部委级规划教材。本系列教材分《服装立体裁剪》、《服装设计基础》、《服装结构制图》、《服装缝制工艺》共4册，由常州纺织服装职业技术学院庄立新、江苏省金坛中等专业学校陈海霞共同担任系列教材的总主编。

　　本册教材《服装结构制图》根据中高职服装设计专业学生的特点，着重体现项目式教学法，将所学的内容融入各个可操作的项目中。根据毕业生就业岗位需要，合理确定应该具备的知识与能力，删繁就简，注重实用。在教材的表现形式上，更加突出职业教育和中高职衔接特色，采用图片、实物照片和现场操作照片等直观方式取代单纯的文字描述，生动形象、简单明了、通俗易懂，方便学生自主学习和训练提升，通过学习可满足学生就业上岗对服装结构制图技术技能的基本要求。本书适用于中高职院校服装专业教学，也可供服装从业人员参考学习。

《服装结构制图》由吴海燕担任主编，庄立新担任副主编，其中项目一、项目二、项目三、项目四由吴海燕编写，项目五、目录及策划由庄立新完成，全书由吴海燕负责统稿。

　　由于编者水平有限，难免疏漏，恳请院校师生与企业同行多提宝贵意见，以便及时修正。

编著者

2017年3月

教学内容及课时安排

章/课时	课程性质	节	课程内容
项目一 （2课时）	基础理论		• 服装制图基础知识
		主题一	人体特征与测量
		主题二	服装制图符号、术语及工具
项目二 （24课时）	讲练结合		• 女裙结构制图
		主题一	基础裙（一步裙）
		主题二	女裙设计
项目三 （36课时）	讲练结合		• 裤装结构制图
		主题一	女西裤
		主题二	男西裤
		主题三	裤装设计
项目四 （42课时）	讲练结合		• 衬衫结构制图
		主题一	男衬衫
		主题二	侧胸省女衬衫
		主题三	衬衫设计
项目五 （22课时）	讲练结合		• 正装结构制图
		主题一	无袖旗袍
		主题二	男西装
		主题三	男士大衣

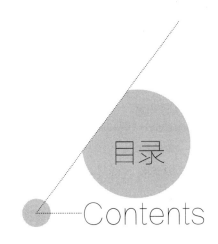

目录
Contents

项目一 服装制图基础知识

主题一 人体特征与测量

一、人体体型特征

女子体型与男子体型的比较，如图1-1所示。

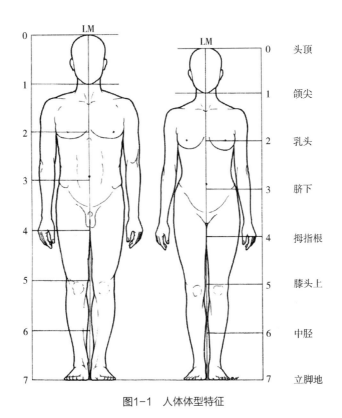

图1-1 人体体型特征

（1）男性肩部较宽而平，女性肩部较窄且肩斜度大于男性。

（2）男性胸廓宽而大，背部凹凸变化明显，后腰节长大于前腰节长；女性胸廓短小，乳胸隆起，一般后腰节长等于或短于前腰节长。

（3）男性体型呈倒梯形，女性体型呈正梯形。

（4）男性体态以直线为主，刚直强悍；女性体态凹凸起伏，具有阴柔的曲线美。

二、人体测量

1. 测量工具

软尺是最基本、最常用的测量的工具。主要用于测量人体和服装成品的长度、围度与宽度。

2. 人体测量要求及注意事项

（1）被测者自然站立，呼吸正常，双臂下垂。不能挺胸，不能低头，以免影响所量尺寸的准确性。

（2）测量时软尺保持横平竖直，不宜过紧或过松，测量围度一般以放入两个手指为宜。

（3）人体测量一般从前到后，由左向右，自上而下，按部位依次进行，以免漏测或重复测量。

（4）做好测量部位的数据记录，注明必要说明或简单画上服装式样，特殊体型需注明体型特征，以便制图时作相应的调整。

3. 人体测量部位及方法

（1）身高：由头骨顶点量至脚底。

（2）颈围：在喉结下方2cm处为起点，经颈椎点绕颈围量一周。

（3）胸围：腋下通过胸围最丰满处，水平围量一周。

（4）腰围：腰部最细处，水平围量一周。

（5）臀围：臀部最丰满处，水平围量一周。

（6）肩宽：从后背左肩端点量至右肩端点。

（7）前胸宽：前胸表面右侧腋窝水平量至左侧腋窝。

（8）后背宽：后背表面右侧腋窝水平量至左侧腋窝。

（9）胸高：由颈肩点量至胸部最高点。

（10）前腰节长：由颈肩点经过胸部最高点量至腰节最细处。

（11）后腰节长：由颈肩点经过背部最高点量至腰节最细处。

（12）背长：由后颈点量至腰节最细处。

（13）手臂长：肩端点向下量至手腕点。

（14）上裆：坐量，从腰节最细处量至凳面的距离。

主题二　服装制图符号、术语及工具

一、制图符号

制图符号是为了准确表达各种线条、部位、裁片的用途和作用而制定的统一规范的制图标记。本书所用的结构制图符号见表1-1。

表1-1　制图符号

序号	名称	符号	说明
1	粗实线	——————	部件和零部件轮廓线
2	细实线	——————	辅助线和标注线
3	虚线	- - - - - - -	表示叠在下层不易见到的轮廓线
4	点化线	—·—·—·—	对折线（对称走部位）
5	双点化线	—··—··—··	折转线（不对称部位）
6	等分线	⌢⌢⌢⌢	表示将某距离划分成若干相等距离
7	等长		表示两条线段长度相等
8	等量	○　□　△	表示两个或两个以上部位等量
9	省缝		表示该部位需缝去
10	褶裥		表示该部位有规则的折叠
11	皱褶	∿∿∿∿	表示该部分收拢成细褶
12	直角		表示两线互相垂直
13	拼接		表示两部位在裁片中连接
14	展开		表示该部位剪开并展开一定褶量

二、制图代号

制图代号见表1-2。

表1-2　制图代号

序号	部位	代号	序号	部位	代号
1	胸围	B	3	臀围	H
2	腰围	W	4	领围	N

序号	部位	代号	序号	部位	代号
5	肩宽	S	10	臀围线	HL
6	袖长	SL	11	领围线	NL
7	衣长	L	12	胸高点	BP
	裤长		13	袖窿	AH
	裙长		14	前颈点	FNP
8	胸围线	BL	15	肩颈点	SNP
9	腰围线	WL	16	后颈点	BNP

三、制图术语

服装结构制图术语的作用是规范统一制图中的裁片、线条、部位、零部件的名称，以便交流。

常用服装结构制图术语如下：

（1）净样：服装实际规格，不包括缝份、贴边等。

（2）毛样：服装裁剪规格，包括缝份、贴边等。

（3）劈门：前中心线（即叠门线）上端偏进的量。当劈至胸围线处时，称胸劈门；当劈至腹围线处时，称肚劈门。

（4）困势：裤后片后裆缝倾斜的程度。

（5）凹势：袖窿门、裤前后窿门凹进的程度。

（6）门襟：衣片的锁眼边。

（7）里襟：衣片的钉纽边。

（8）叠门：也称搭门，门襟、里襟重叠的部分。

（9）挂面：上衣门里襟反面的贴边。

（10）过肩：也称复势、育克。常用在男女上衣肩部的双层或单层布料。

（11）驳头：衣身上随衣领一起向外翻折的部位。

（12）省：又称省道，根据人体曲线形态所需缝合的部分。

（13）裥：根据人体曲线形态所需，有规则折叠或收拢的部分。

（14）画样：按款式、规格或纸样在面料上画出裁剪线条。

（15）开剪：按画样线条把面料剪成裁片。

（16）眼刀：在裁片的某部位剪一小缺口，起标明服装边缘部位宽窄、大小、位置的作用，眼刀的制作要求是作三角形，三角形深0.3~0.5cm，宽0.2cm。

（17）钻眼：打在裁片上，起标明服装中间部位宽窄、大小、位置的作用。

（18）对刀：眼刀与眼刀相对或眼刀与衣缝相对。

（19）丝缕：织物的经向、纬向、斜向，行业中称为直丝缕、横丝缕、斜丝缕。

四、制图常用工具（图1-2、图1-3）

（1）软尺：又称皮尺，一般用来测体，材质多为塑料。软尺长期使用后，有不同程度的收缩或拉长现象，应经常检查及时更换。

（2）直尺：直尺是服装结构制图的基本工具。常用规格有20cm、50cm、60cm等。

（3）曲线板：主要用于服装制图中各部位弧线的绘制。大规格曲线板用于绘制大图，小规格曲线板用于绘制缩小图。

（4）滚轮：做标记的工具，其滚动时留下点状痕迹。

（5）裁剪剪刀：剪切纸样时用，剪刀刀身长，剪刀柄短。

（6）锥子：做定位标记用。

（7）划粉：划样、定位时用，分普通划粉和隐形划粉。

（8）人台：有半身或全身的人台模型，主要用于造型设计、立体裁剪、样衣修正等。

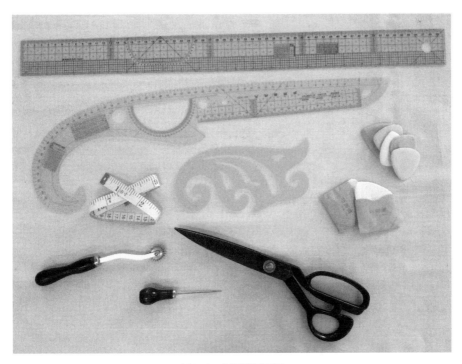

图1-2　制图常用工具

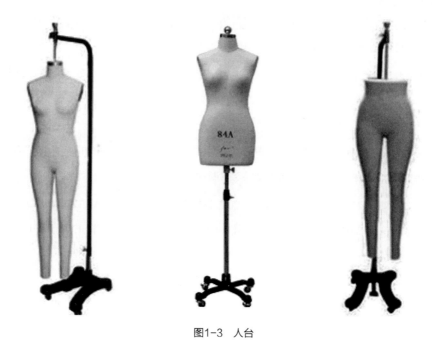

图1-3 人台

拓展与练习

1. 人体测量的工具及测量的部位有哪些?

2. 比一比、看一看,谁能最快熟记服装制图的符号、代号、术语等。

3. 服装制图工具有哪些? 这些工具有何用途?

项目二 女裙结构制图

裙，在古代称为下裳，男女同用，现在主要指女性穿着的裙子。它的种类形态很多，其穿着效果丰富多变。本项目以一步裙为基础裙，介绍几款以一步裙为基础变化而来的典型裙型。

主题一 基础裙（一步裙）

（一）款式特征

基础裙裙腰为装腰型直腰。前后腰口各设两个省，后中设缝份，上端装拉链，下端开衩（图2-1）。

图2-1 基础裙款式特征

（二）规格尺寸

基础裙规格尺寸见表2-1。

表2-1　基础裙规格尺寸　　　　　　　　　　　　　　单位：cm

部位	裙长（L）	腰围（W）	臀围（H）	腰头高
规格	56	72	92	3

（三）结构制图

基础裙结构制图如图2-2所示。

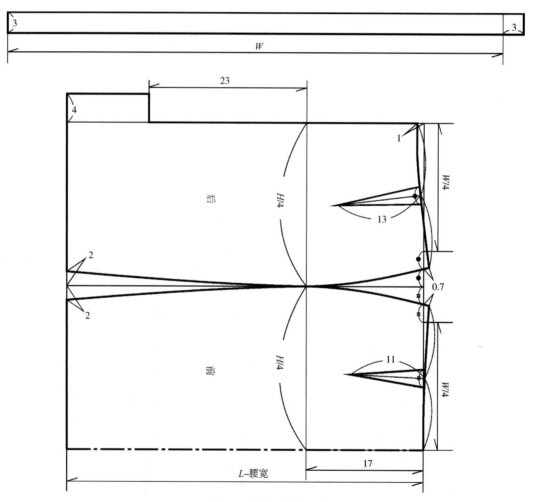

图2-2　基础裙结构制图

（四）主要裁片放缝图

基础裙放缝图如图2-3所示。

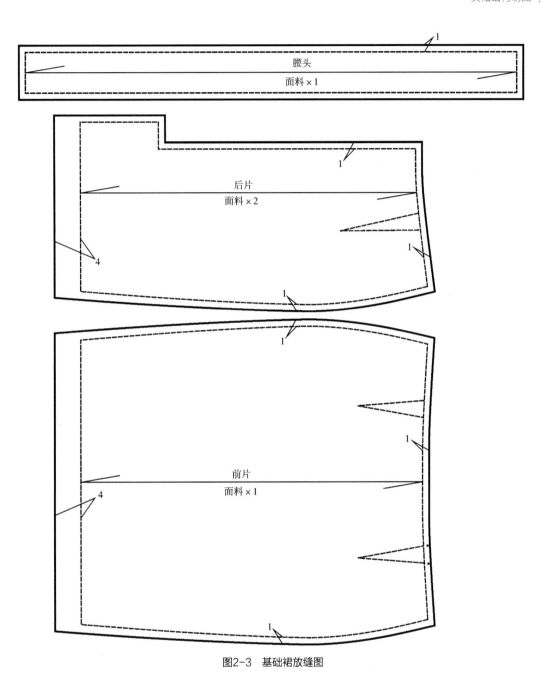

图2-3　基础裙放缝图

主题二　女裙设计

　　裙子是女装的重要组成部分，式样千变万化，适合不同的季节、场合穿着。虽然女裙变化较多，但大部分变化都是建立在基础裙上的。限于篇幅，本书中只能选择几款裙子的变化款式，以说明其变化方式。

一、A字裙

（一）款式特征

A字裙裙腰头为装腰型直腰。前后腰口无省，裙摆宽大，外形呈A字型。后中设缝份，上端开口装拉链（图2-4）。

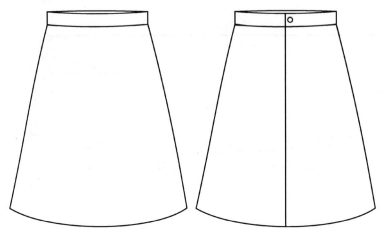

图2-4　A字裙款式特征

（二）规格尺寸

A字裙规格尺寸见表2-2。

表2-2　A字裙规格尺寸　　　　　　　　　　　　　　单位：cm

部位	裙长（L）	腰围（W）	臀围（H）	腰头高
规格	56	72	92	3

（三）结构制图

1. 绘制基础裙

基础裙结构制图如图2-5所示。

要点提醒：

（1）去掉后开衩。

（2）下摆在侧缝处放出2cm。

2. 作展开线

由前后省尖点作展开线至裙底边（图2-6）。

3. 调整腰口、底边

合并腰省，下摆张开，调顺腰口、底边弧线（图2-7）。

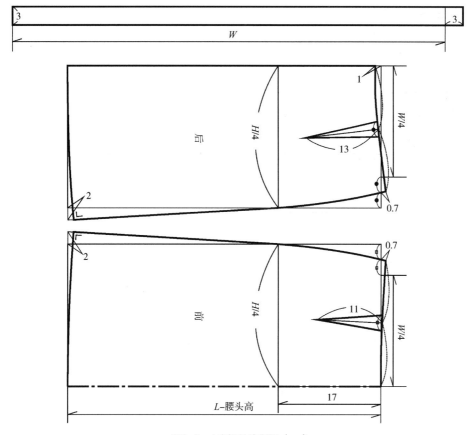

图2-5 A字裙结构制图（一）

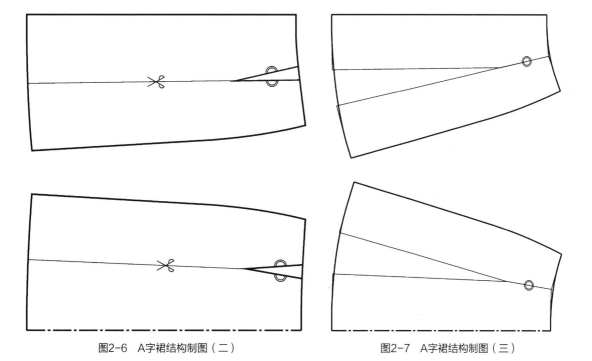

图2-6 A字裙结构制图（二） 　　　　图2-7 A字裙结构制图（三）

（四）主要裁片放缝图

A字裙放缝图如图2-8所示。

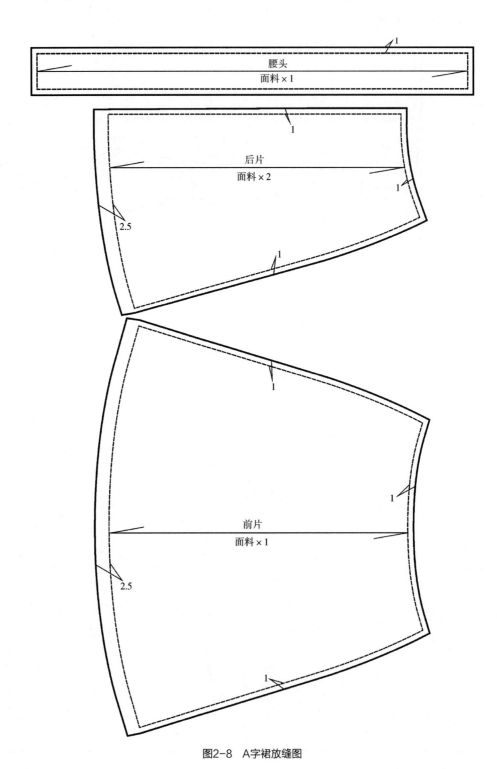

图2-8　A字裙放缝图

二、分割裙

（一）款式特征

分割裙裙腰头为装腰型直腰。裙形合体，前后片各设两条直形分割线。后中设缝份，上端开口装拉链，下端开衩（图2-9）。

图2-9　分割裙款式特征

（二）规格尺寸

分割裙规格尺寸见表2-3。

表2-3　分割裙规格尺寸　　　　　　　　　　　　　　　　　　单位：cm

部位	裙长（L）	腰围（W）	臀围（H）	腰头高
规格	56	72	92	3

（三）结构制图

1. 绘制基础裙

基础裙结构制图如图2-10所示。

2. 作分割线的辅作线

由前后省尖点作直线至裙底边（图2-11）。

3. 绘制分割线

将省线与直线用弧线调顺成分割线（图2-12）。

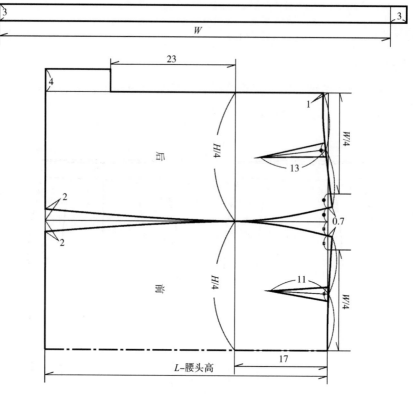

图2-10 分割裙结构制图（一）

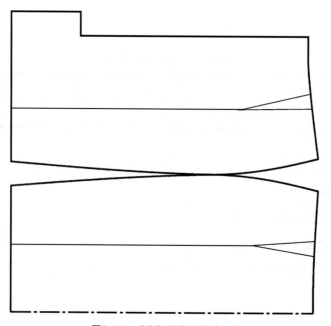

图2-11 分割裙结构制图（二）

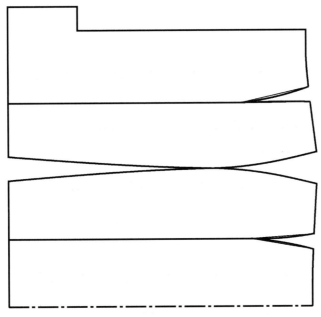

图2-12　分割裙结构制图（三）

（四）主要裁片放缝图

分割裙放缝图如图2-13所示。

三、育克裙

（一）款式特征

育克裙裙腰为装腰型直腰，前片横向弧形分割成两部分，上段无省，下段中间设一对合裥，左右各设三个褶裥。后片左右各设一省，后中设缝份，上端开口装拉链（图2-14）。

（二）规格尺寸

育克裙规格尺寸见表2-4。

表2-4　育克裙规格尺寸　　　　　　　　　　　　　　　　　单位：cm

部位	裙长（L）	腰围（W）	臀围（H）	腰头高
规格	56	72	92	3

（三）结构制图

1. 绘制基础裙

基础裙，绘制如图2-15所示。

2. 作分割线

过省尖点作弧形分割线，将前裙片分割成育克和下摆上下两个部分（图2-16）。

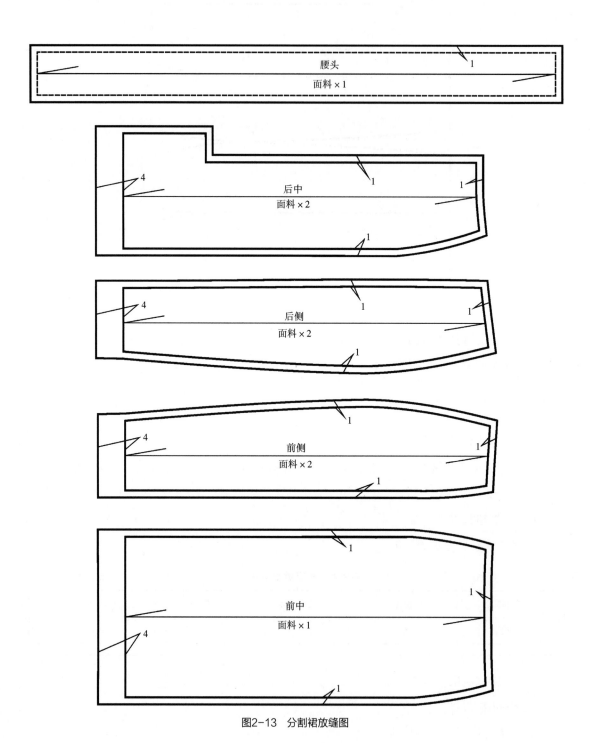

腰头
面料×1

后中
面料×2

后侧
面料×2

前侧
面料×2

前中
面料×1

图2-13 分割裙放缝图

图2-14 育克裙款式特征

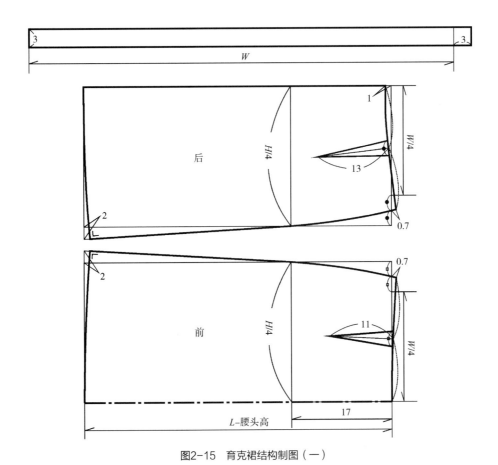

图2-15 育克裙结构制图（一）

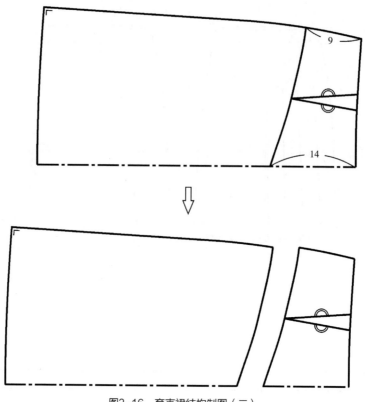

图2-16　育克裙结构制图（二）

3. 绘制育克

育克部分的腰省合并，调整好弧线（图2-17）。

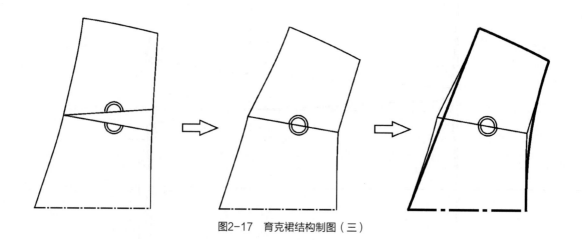

图2-17　育克裙结构制图（三）

4. 绘制底边

下摆部分按等分画好展开线，每个褶裥展开8cm，画好褶裥，调顺底边弧线（图2-18）。

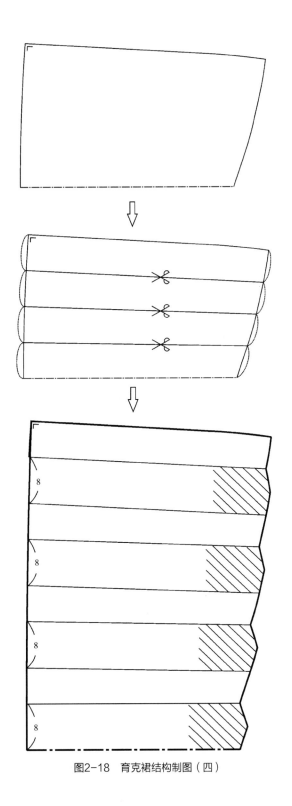

图2-18　育克裙结构制图（四）

（四）主要裁片放缝图

育克裙放缝图如图2-19所示。

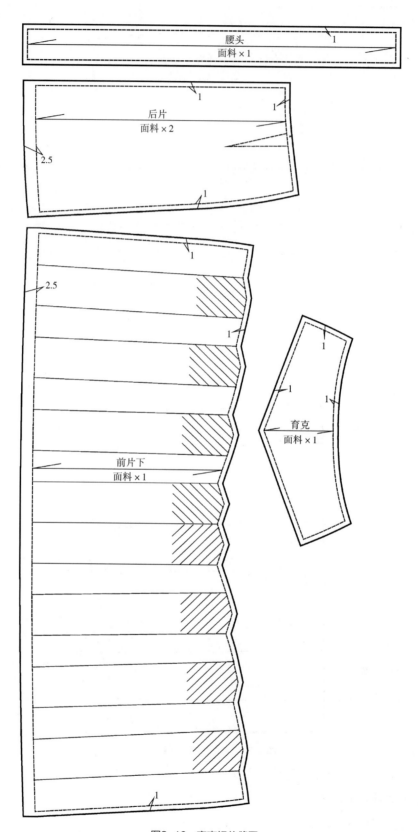

图2-19 育克裙放缝图

四、鱼尾裙

（一）款式特征

鱼尾裙裙腰为装腰型直腰，裙的前后片均设弧形分割线，裙形上段合体，下摆展开，形似鱼尾。后中设缝份，上端开口装拉链（图2-20）。

图2-20　鱼尾裙款式特征

（二）规格尺寸

鱼尾裙规格尺寸见表2-5。

表2-5　鱼尾裙规格尺寸 　　　　　　　　　　　　　　　　　　单位：cm

部位	裙长（L）	腰围（W）	臀围（H）	腰头高
规格	82	72	92	3

（三）结构制图

1. 绘制基础裙

基础裙结构制图如图2-21所示。注意：去掉后衩；下摆直筒至底边。

2. 作分割线

过省尖点作弧线分割线（图2-22）。

3. 合并省道

合并省道，如图2-23所示。

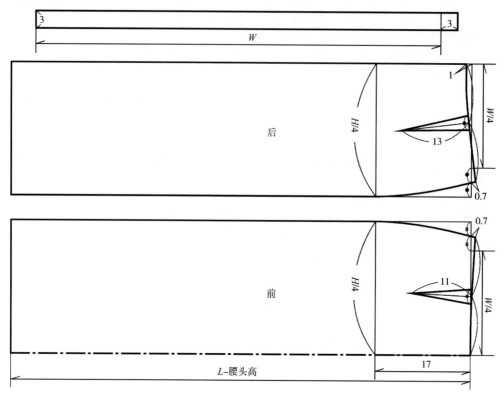

图2-21 鱼尾裙结构制图（一）

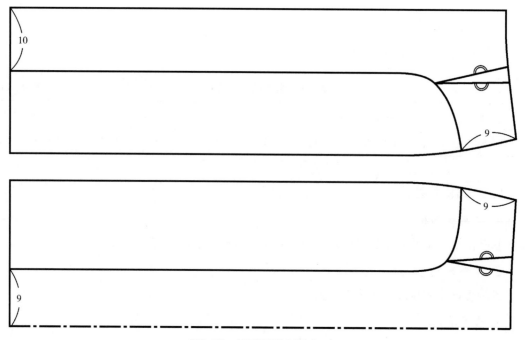

图2-22 鱼尾裙结构制图（二）

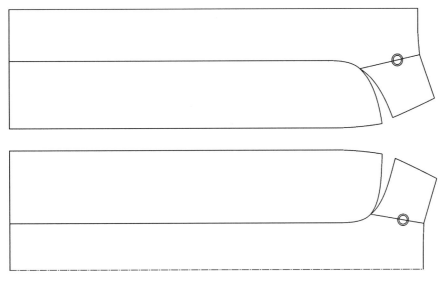

图2-23 鱼尾裙结构制图（三）

4. 调顺弧线

将弧线调圆顺，如图2-24所示。

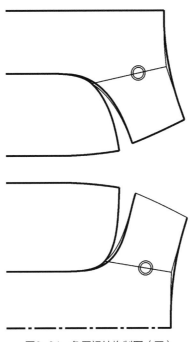

图2-24 鱼尾裙结构制图（四）

5. 下摆展开

下摆展开8cm，展开的尺寸大小可根据款式需要确定，如图2-25所示。

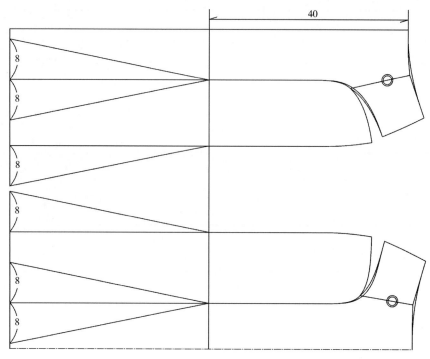

图2-25　鱼尾裙结构制图（五）

6. 画底边线

调顺弧线，画好裙底边弧线，如图2-26所示。

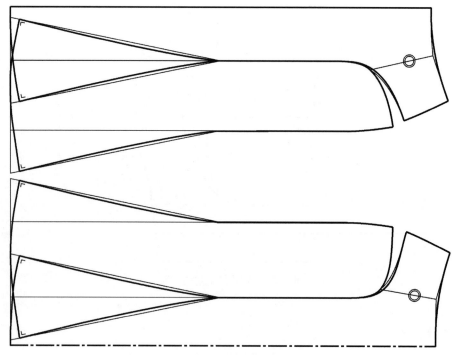

图2-26　鱼尾裙结构制图（六）

（四）主要裁片放缝图

鱼尾裙放缝图如图2-27所示。

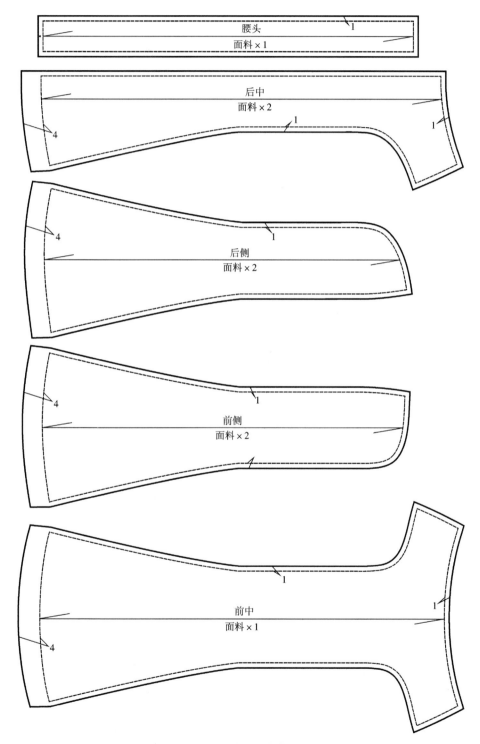

图2-27　鱼尾裙放缝图

拓展与练习

1. **根据款式图一绘制裙子结构制图**

①款式一如图2-28所示。

②规格尺寸见表2-6。

表2-6　款式一规格尺寸　　　　　　　　　　　　　　　　　单位：cm

部位	裙长（L）	腰围（W）	臀围（H）	腰头高
规格	62	72	92	3

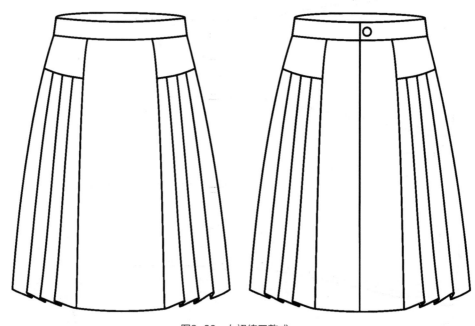

图2-28　女裙练习款式一

2. **根据款式图二绘制裙子结构制图**

①款式二如图2-29所示。

②规格尺寸见表2-7。

表2-7　款式二规格尺寸表　　　　　　　　　　　　　　　　单位：cm

部位	裙长（L）	腰围（W）	臀围（H）	腰头高
规格	56	72	92	3

图2-29　女裙练习款式二

3. 根据款式图三绘制裙子结构制图

①款式三如图2-30所示。

②规格尺寸见表2-8。

表2-8　款式三规格尺寸　　　　　　　　　　　　　　单位：cm

部位	裙长（L）	腰围（W）	臀围（H）	腰头高
规格	62	72	92	3

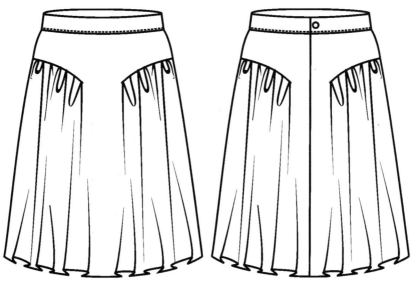

图2-30　女裙练习款式三

项目三　裤装结构制图

　　裤是人体自腰以下的下肢部位穿着的服装，有裆缝。裤属于立体型结构，形状轮廓是以人体结构和体表外形为依据而设计的。裤的款式繁多，从不同的角度有不同的分类方法，但就其类型来说，不外乎适身型、紧身型、宽松型三种变化。

主题一　女西裤

（一）款式特征

　　女西裤直腰，前裤片腰口左右各两个褶裥，后腰口左右各两个收省，侧缝装袋，袋型为直袋，前中门里襟装拉链（图3-1）。

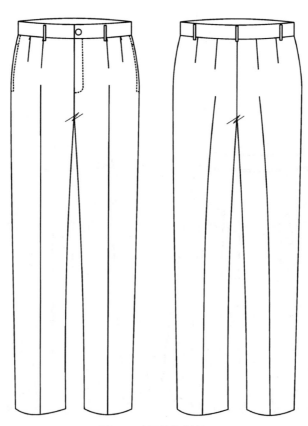

图3-1　女西裤款式特征

（二）规格尺寸

女西裤规格尺寸见表3-1。

表3-1　女西裤规格尺寸

单位：cm

部位	裤长（L）	腰围（W）	臀围（H）	腰头高	脚口	中裆
规格	102	72	100	3	20	23

（三）结构制图

（1）女西裤前片、后片、腰头结构制图如图3-2所示。

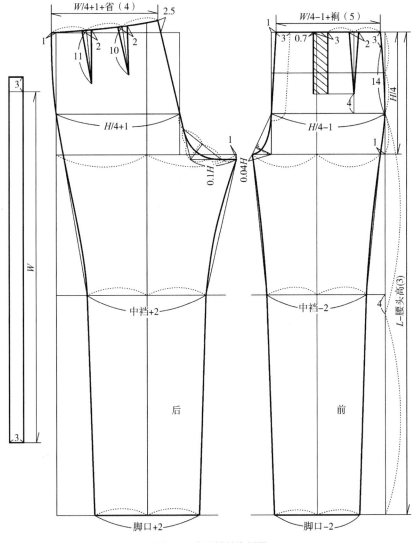

图3-2　女西裤结构制图

（2）门襟结构制图如图3-3所示，里襟结构制图如图3-4所示。

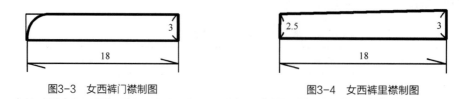

图3-3　女西裤门襟制图　　　　　　　　　　图3-4　女西裤里襟制图

（四）主要裁片放缝图

女西裤放缝图如图3-5所示。

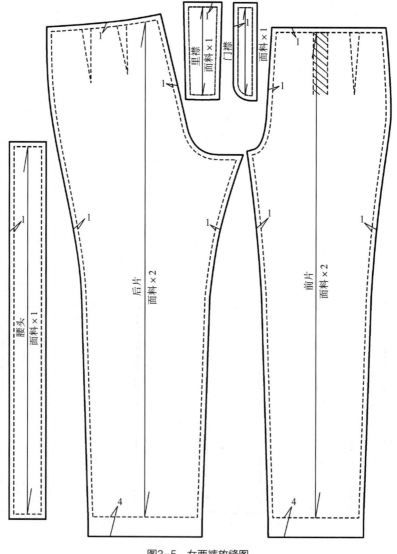

图3-5　女西裤放缝图

主题二　男西裤

（一）款式特征

男西裤直腰，前裤片腰口左右各一个褶裥，后腰口左右各两个收省，后裤片左右各一个单嵌袋，侧缝装袋，袋型为斜袋，前中门里襟装拉链（图3-6）。

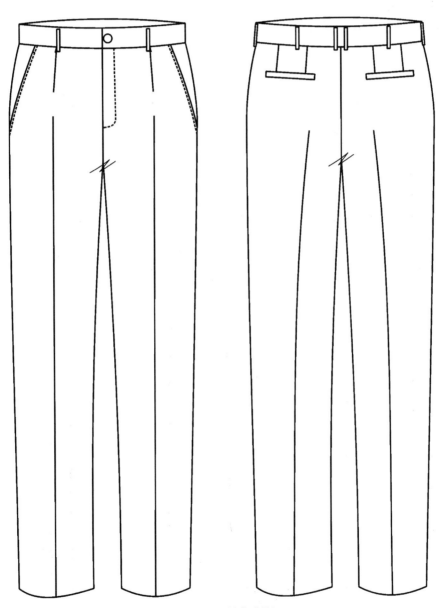

图3-6　男西裤款式特征

（二）规格尺寸

男西裤规格尺寸见表3-2。

表3-2　男西裤规格尺寸

单位：cm

部位	裤长（L）	腰围（W）	臀围（H）	腰头高	脚口	中裆
规格	103	76	100	4	22	23

（三）结构制图

男西裤结构制图如图3-7所示。门里襟制图同女西裤。

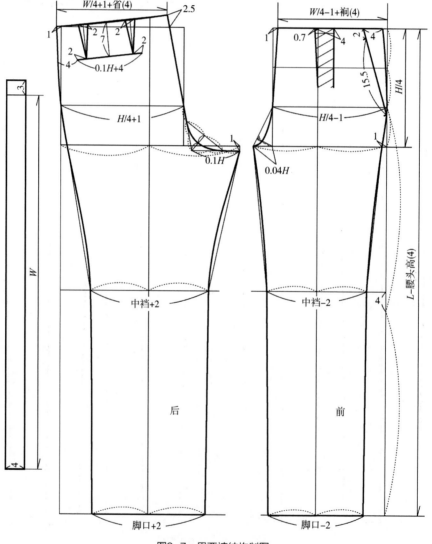

图3-7　男西裤结构制图

（四）主要裁片放缝图

男西裤放缝图如图3-8所示。

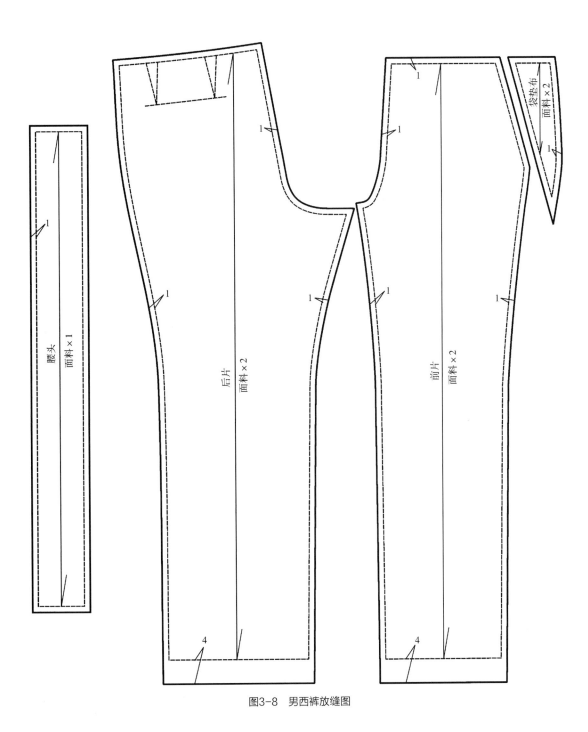

图3-8　男西裤放缝图

主题三 裤装设计

　　裤子的变化主要是通过外形（如适身型、紧身型、宽松型）、裤长及局部（如腰、省、裆、袋、分割）变化来体现的。

一、牛仔裤

（一）款式特征

　　牛仔裤贴体紧身。裤腰头为装腰型曲腰。前片腰口无褶裥，前中门里襟装拉链，前袋袋型为月亮袋。后片无省，分割拼后翘，左右贴袋各一个。裤筒为直筒型（图3-9）。

图3-9 牛仔裤款式特征

（二）规格尺寸

　　牛仔裤规格尺寸见表3-3。

表3-3 牛仔裤规格尺寸　　　　　　　　　　　　　　　　单位：cm

部位	裤长（L）	腰围（W）	臀围（H）	腰头高	脚口	中裆
规格	96	70	92	3	21	22

（三）结构制图

牛仔裤前片、后片、腰头结构制图如图3-10所示。

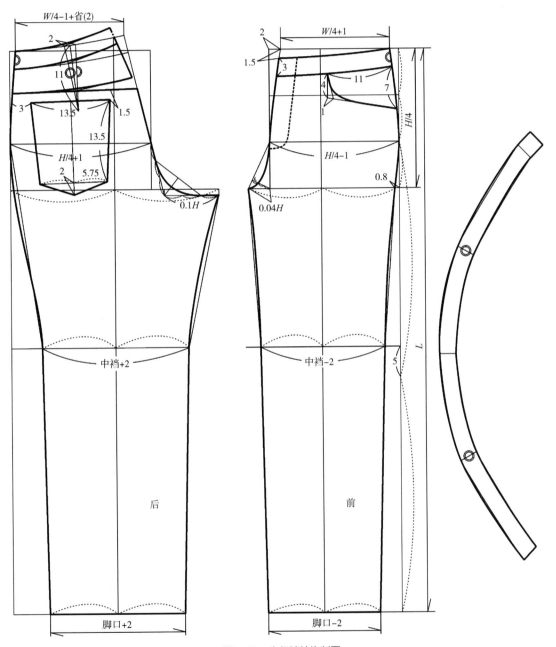

图3-10　牛仔裤结构制图

（四）主要裁片放缝图

牛仔裤放缝图如图3-11所示。

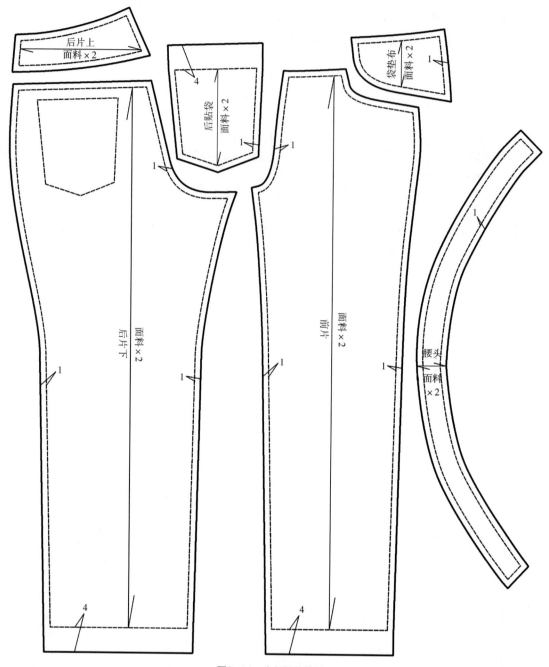

图3-11 牛仔裤放缝图

后片上
面料×2

后贴袋
面料×2

袋垫布
面料×2

面料×2
后片下

面料×2
前片

腰头
面料×2

4

1

1

1

1

1

1

1

1

4

4

二、喇叭裤

（一）款式特征

喇叭裤贴体紧身。裤腰头为装腰型曲腰。前片腰口无褶裥，前中门里襟装拉链，前袋袋型为月亮袋。后片无省分割拼后翘，左右贴袋各一个。裤脚口展宽为喇叭形（图3-12）。

图3-12　喇叭裤款式特征

（二）规格尺寸

喇叭裤规格尺寸见表3-4。

表3-4　喇叭裤规格尺寸 　　　　　　　　　　　　　　　　　　单位：cm

部位	裤长（L）	腰围（W）	臀围（H）	腰头高	脚口	中裆
规格	100	70	92	3	26	21

（三）结构制图

喇叭裤前片、后片、腰头结构制图如图3-13所示。

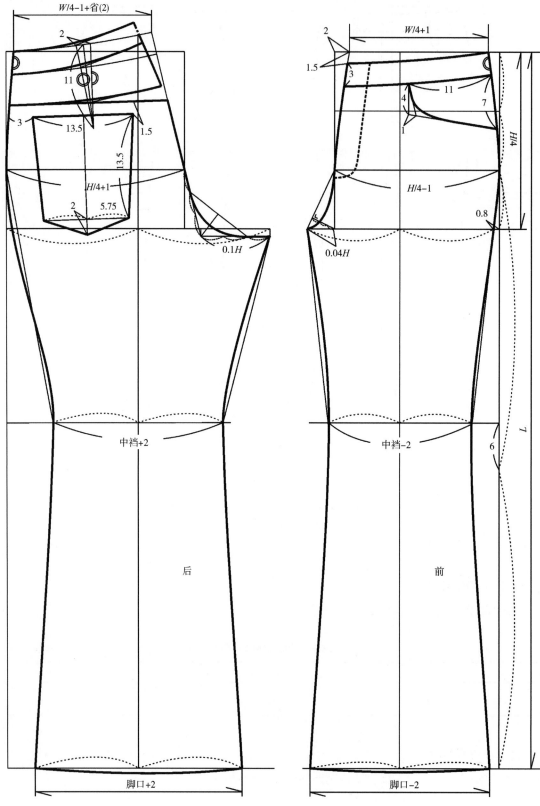

图3-13 喇叭裤结构制图

（四）主要裁片放缝图

喇叭裤放缝图如图3-14所示。

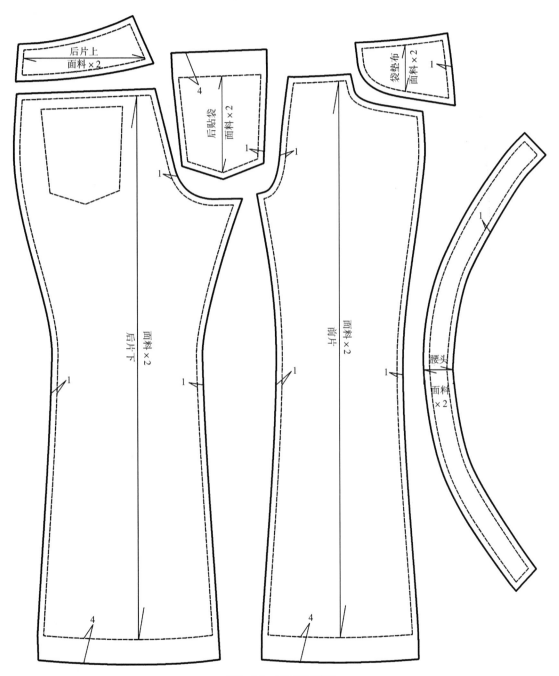

图3-14　喇叭裤放缝图

三、中裤

（一）款式特征

中裤宽腰头，装腰型曲腰。前片腰口无褶裥，前中门里襟装拉链，钉两粒扣。前片左右各一袋，袋型为斜插袋，左右袋口各钉装饰纽两粒。后片无省，左右贴袋各一个。翻脚口（图3-15）。

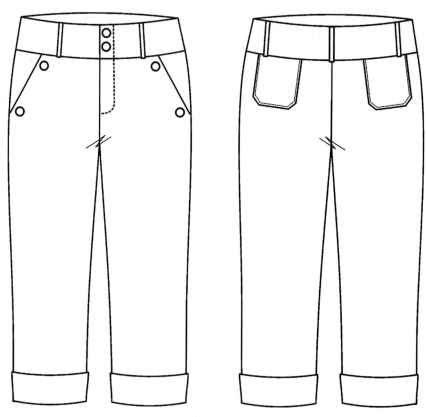

图3-15　中裤款式特征

（二）规格尺寸

中裤规格尺寸见表3-5。

表3-5　中裤规格尺寸　　　　　　　　　　　　　　　单位：cm

部位	裤长（L）	腰围（W）	臀围（H）	腰头高	脚口
规格	72	70	92	6	22

（三）结构制图

中裤前片、后片、腰头结构制图如图3-16所示。

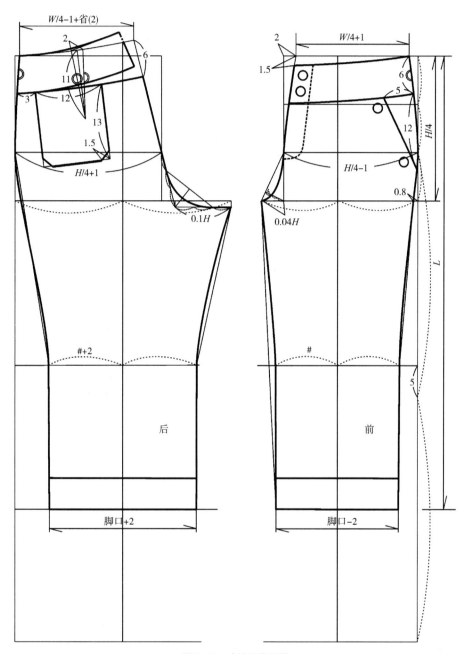

图3-16 中裤结构制图

（四）主要裁片放缝图

中裤放缝图如图3-17所示。

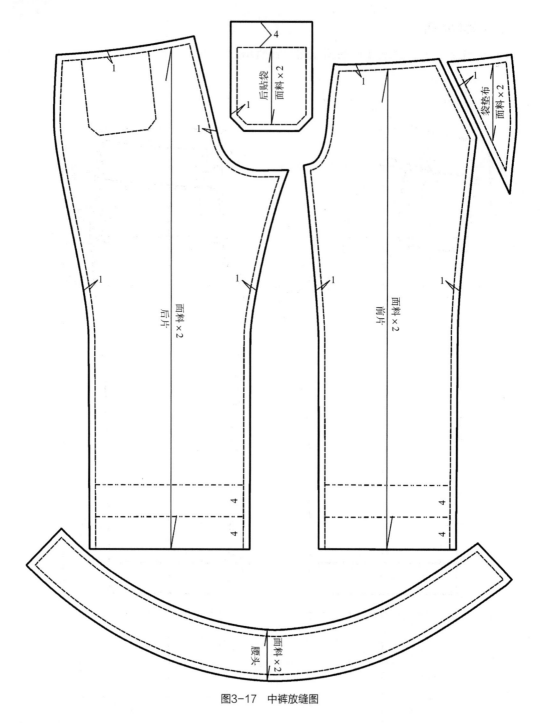

图3-17 中裤放缝图

四、西短裤

（一）款式特征

西短裤裤腰为连腰，前片左右各一褶裥，前中门里襟装拉链。后片左右各一省，省下各贴一装饰袋盖，翻脚口（图3-18）。

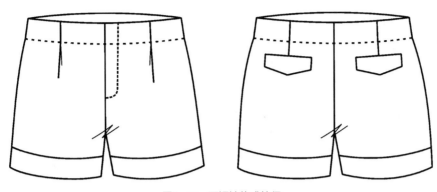

图3-18　西短裤款式特征

（二）规格尺寸

西短裤规格尺寸见表3-6。

表3-6　西短裤规格尺寸　　　　　　　　　　　　　　单位：cm

部位	裤长（L）	腰长（W）	臀围（H）	腰头高	脚口
规格	32	72	96	3	56

（三）结构制图

西短裤前片、后片结构制图如图3-19所示。

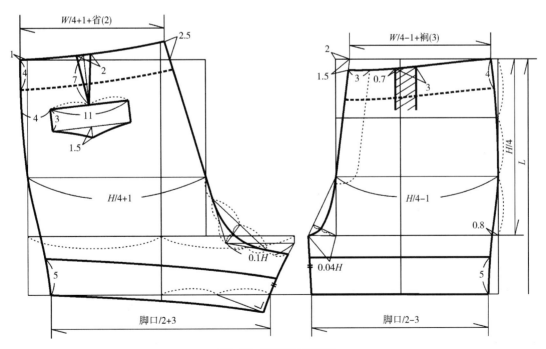

图3-19　西短裤结构制图

（四）主要裁片放缝图

西短裤放缝图如图3-20所示。

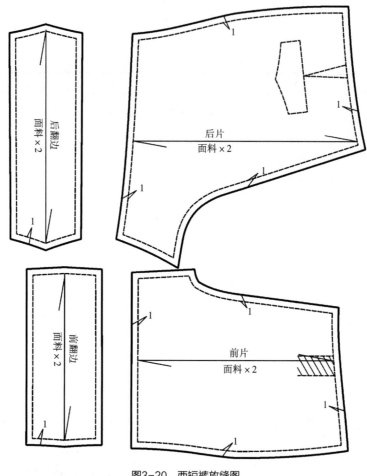

图3-20 西短裤放缝图

拓展与练习

1. 根据款式图一绘制裤子结构制图

①款式一如图3-21所示。

②规格尺寸见表3-7。

表3-7 款式一规格尺寸

单位：cm

部位	裤长（L）	腰围（W）	臀围（H）	腰头高	脚口	中裆
规格	96	70	92	3	21	22

图3-21　裤子练习款式一

2. 根据款式图二绘制裤子结构制图

①款式二如图 3-22所示。

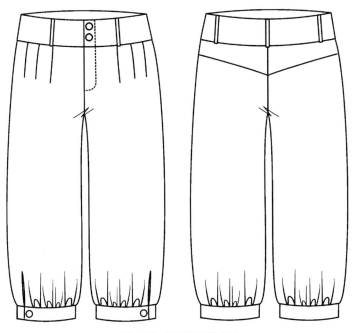

图3-22　裤子练习款式二

②规格尺寸见表3-8。

表3-8　款式二规格尺寸

单位：cm

部位	裤长（L）	腰围（W）	臀围（H）	腰头高	脚口
规格	72	70	92	6	22

3. 根据款式图三绘制裤子结构制图

①款式三如图3-23所示。

②规格尺寸见表3-9。

表3-9　款式三规格尺寸

单位：cm

部位	裤长（L）	腰围（W）	臀围（H）	腰头高	脚口
规格	32	72	96	3	56

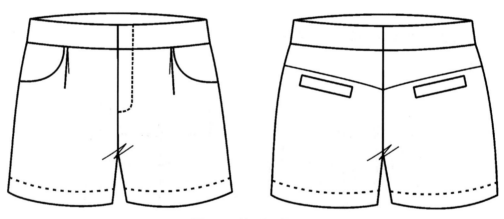

图3-23　裤子练习款式三

项目四　衬衫结构制图

衬衫是男女上体穿用的衣服，其式样变化繁多，随着流行趋势的发展，不断有新颖的款式问世，女衬衫的式样变化尤为显著。本文主要介绍男女衬衫的基本式样和几款典型的变化衬衫。

主题一　男衬衫

一、长袖男衬衫

（一）款式特征

长袖男衬衫领型为立翻领，单排扣，钉纽扣6粒，左前片设一胸贴袋，后片装过肩，平下摆，侧缝直腰型。袖型为一片袖，袖口收褶裥3个，袖口装袖克夫，宝剑头袖衩，袖克夫上钉纽扣一粒（图4-1）。

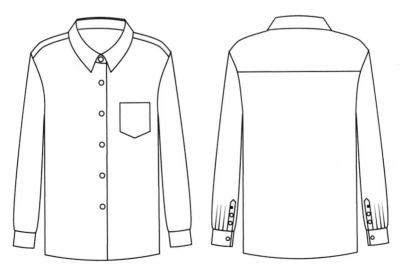

图4-1　长袖男衬衫款式特征

（二）规格尺寸

长袖男衬衫规格尺寸见表4-1。

表4-1 长袖男衬衫规格尺寸

单位：cm

部位	衣长（L）	胸围（B）	领围（N）	肩宽（S）	袖长（SL）	前腰节长
规格	71	110	39	46	59.5	42.5

（三）结构制图

（1）前后片结构制图如图4-2所示。

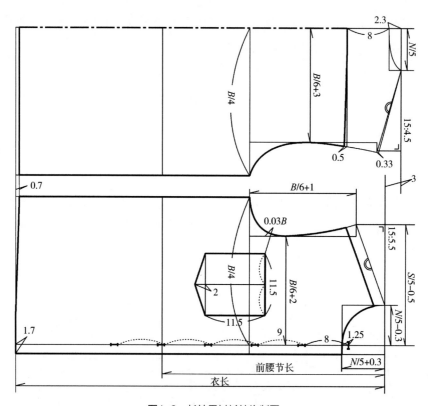

图4-2 长袖男衬衫结构制图

（2）肩覆势如图4-3所示。

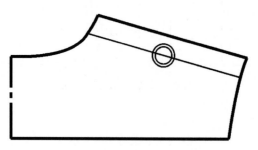

图4-3 长袖男衬衫肩覆势结构制图

（3）袖片制图如图4-4所示。

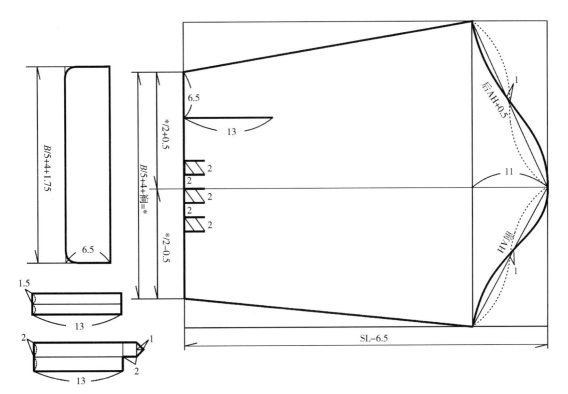

图4-4　长袖男衬衫袖子结构制图

（4）领片制图如图4-5所示。

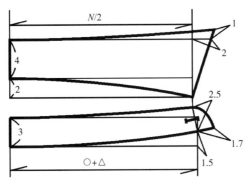

图4-5　长袖男衬衫领子结构制图

（四）主要裁片放缝图

长袖男衬衫放缝图如图4-6所示。

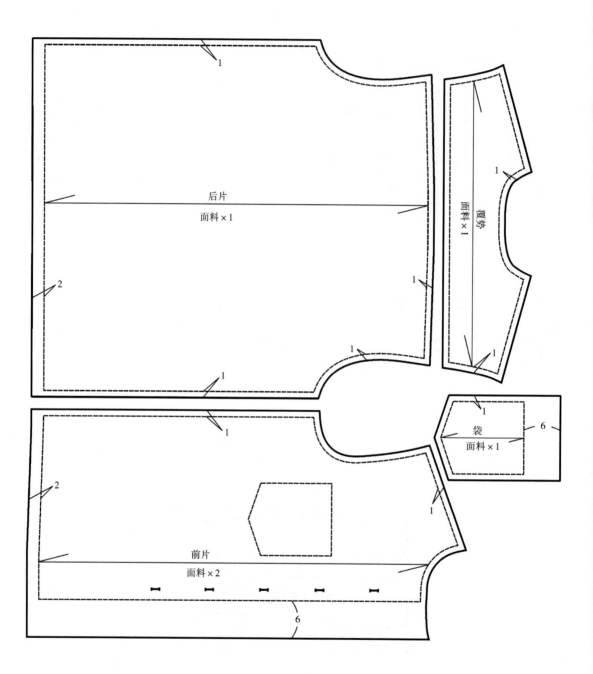

后片
面料×1

覆势
面料×1

袋
面料×1

前片
面料×2

1

2

6

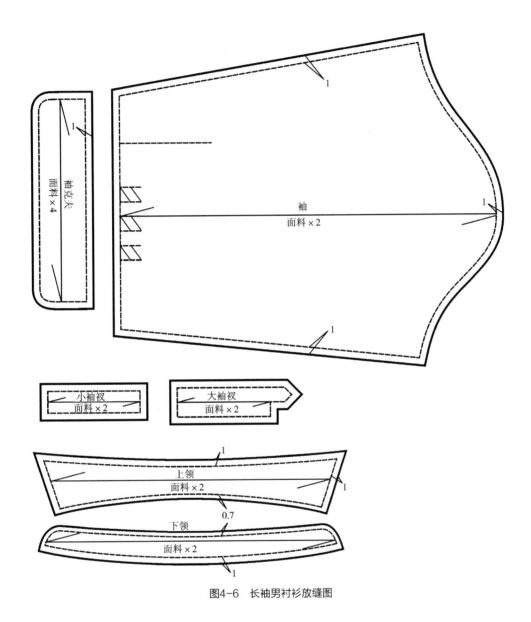

图4-6　长袖男衬衫放缝图

二、短袖男衬衫

（一）款式特征

短袖男衬衫领型为立翻领。翻门襟，单排扣，钉纽扣6粒，左前片设一胸贴袋，后片装过肩，圆下摆，侧缝略吸腰。袖型为一片式短袖（图4-7）。

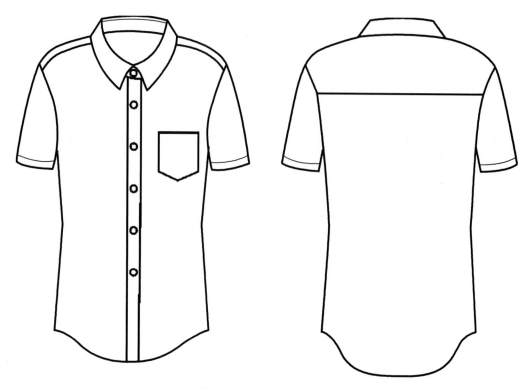

图4-7　短袖男衬衫款式特征

（二）规格尺寸

短袖男衬衫规格尺寸见表4-2。

表4-2　短袖男衬衫规格尺寸　　　　　　　　　　　单位：cm

部位	衣长（L）	胸围（B）	领围（N）	肩宽（S）	袖长（SL）	前腰节长
规格	71	110	39	46	22	42.5

（三）结构制图

（1）前后片结构制图如图4-8所示。

（2）袖片结构制图如图4-9所示。

（3）肩覆势领片结构制图同长袖男衬衫。

（4）领片制图同长袖男衬衫。

（四）主要裁片放缝图

短袖男衬衫放缝图如图4-10所示。

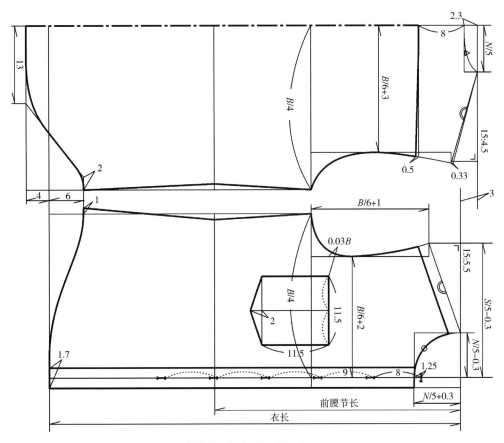

图4-8　短袖男衬衫结构制图

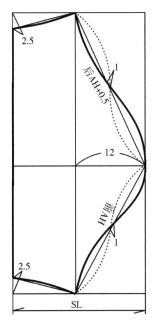

图4-9　短袖男衬衫袖子结构制图

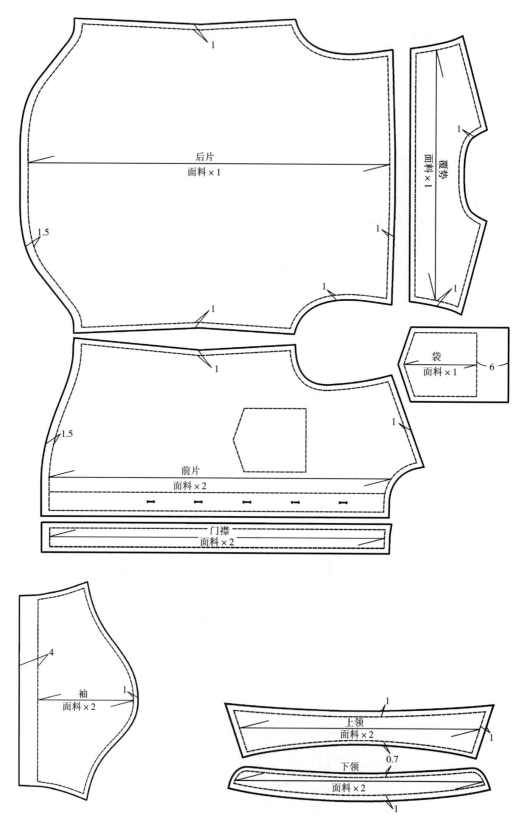

后片
面料×1

覆势
面料×1

1.5

袋
面料×1

6

1.5

前片
面料×2

门襟
面料×2

袖
面料×2

4

1

上领
面料×2

0.7

下领
面料×2

图4-10　短袖男衬衫放缝图

主题二　侧胸省女衬衫

（一）款式特征

侧胸省女衬衫领型为方形翻领。衣身合体，前中开襟，5粒扣，前片收侧胸省和腰省，后片收腰省。袖型为一片式长袖，袖口抽细褶，装袖头，袖头上钉纽扣1粒（图4-11）。

图4-11　侧胸省女衬衫款式特征

（二）规格尺寸

侧胸省女衬衫规格尺寸见表4-3。

表4-3　侧胸省女衬衫规格尺寸　　　　　　　　单位：cm

部位	衣长（L）	胸围（B）	领围（N）	肩宽（S）	袖长（SL）	前腰节长	胸高位
规格	64	96	36	40	56	40	24

（三）结构制图

（1）前后片制图如图4-12所示。

（2）袖片结构制图如图4-13所示。

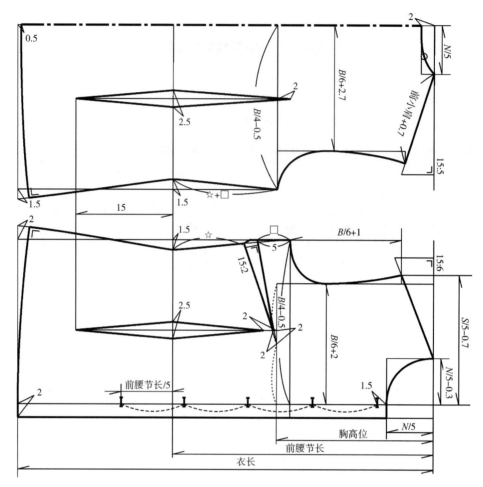

图4-12　侧胸省女衬衫结构制图

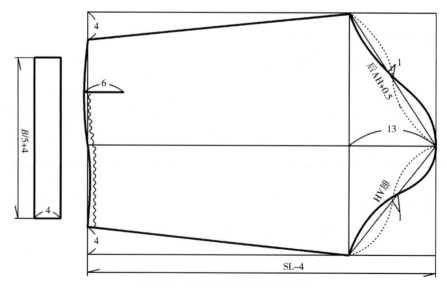

图4-13　侧胸省女衬衫袖子结构制图

（3）领片结构制图如图4-14所示。

设领脚高为h_o，翻领高为h。

h_o=3cm，h=4.5cm

（四）主要裁片放缝图

侧胸省女衬衫放缝图如图4-15、图4-16所示。

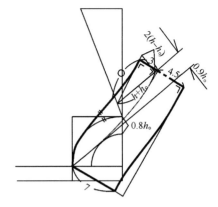

图4-14　侧胸省女衬衫领子结构制图

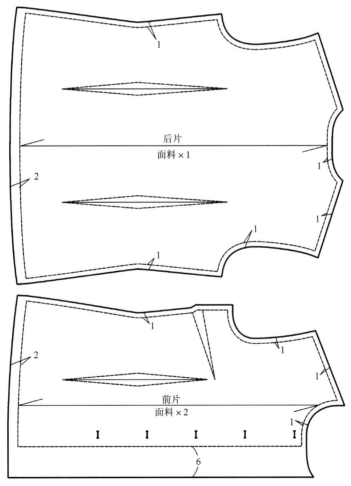

图4-15　侧胸省女衬衫放缝图（一）

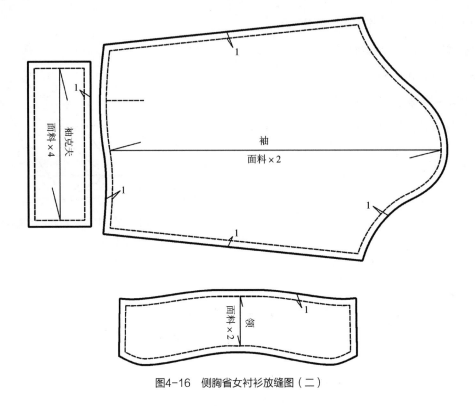

图4-16 侧胸省女衬衫放缝图（二）

主题三 衬衫设计

一、弧形分割衬衫

（一）款式特征

弧形分割衬衫领型为方形翻领。衣身合体，前中开襟，5粒扣，前后片各设弧形分割。袖型为一片式短袖（图4-17）。

（二）规格尺寸

弧形分割衬衫规格尺寸见表4-4。

表4-4 弧形分割衬衫规格尺寸 单位：cm

部位	衣长（L）	胸围（B）	领围（N）	肩宽（S）	袖长（SL）	前腰节长	胸高位
规格	64	96	36	40	18	40	24

（三）结构制图

（1）前后片制图。

①绘制侧胸省女衬衫前后片，如图4-18所示。

图4-17　弧形分割衬衫款式特征

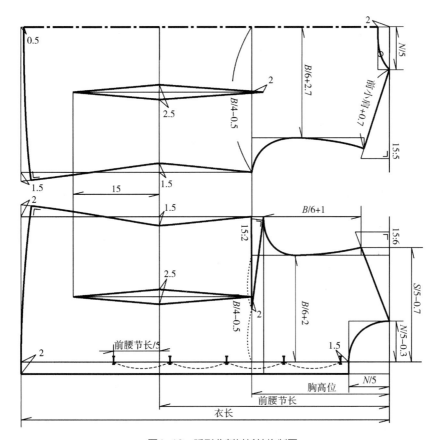

图4-18　弧形分割衬衫结构制图

要点提醒：侧胸省放在胸围线处。

②根据款式图在前片袖窿处找一点与胸高点连接成直线，剪开，合并侧胸省，省量转至袖胸省，如图4-19所示。

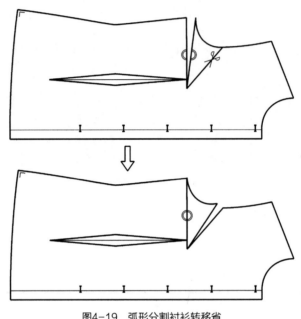

图4-19 弧形分割衬衫转移省

③前后片腰省向下延伸至底边，如图4-20所示。

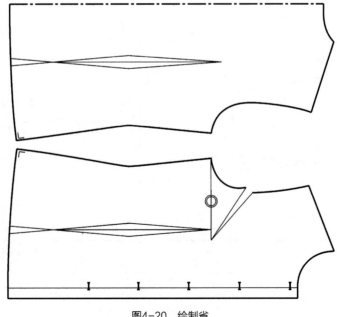

图4-20 绘制省

④前后片袖窿向腰省处作弧形分割线，如图4-21所示。

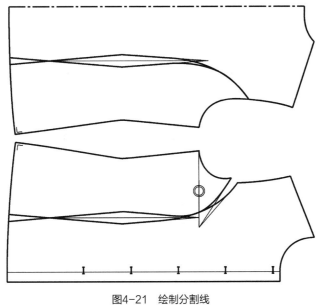

图4-21　绘制分割线

（2）袖片制图如图4-22所示。

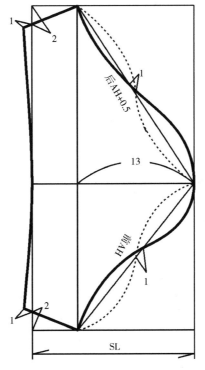

图4-22　弧形分割衬衫袖子结构制图

（3）领片制图同侧胸省女衬衫。

（四）主要裁片放缝图。

弧形分割衬衫放缝图如图4-23所示。

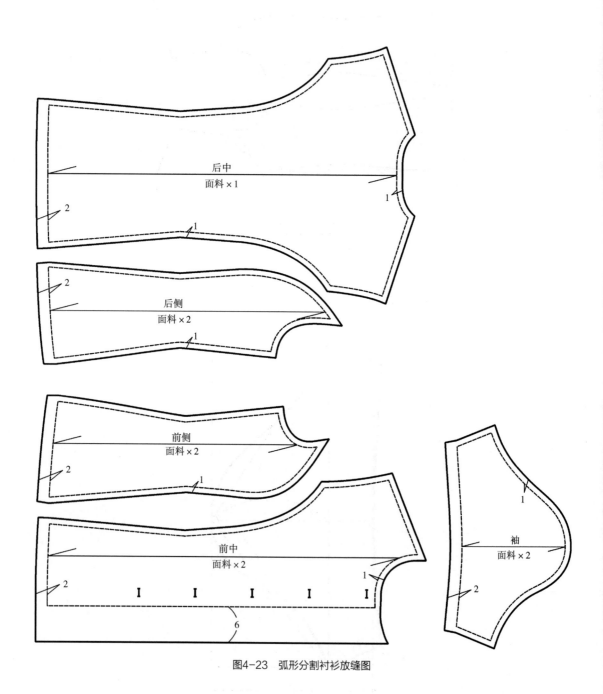

图4-23 弧形分割衬衫放缝图

二、公主线分割衬衫

（一）款式特征

公主线分割衬衫领型为方形翻领。衣身合体，前中开襟，5粒扣，前片从肩部向下设L型分割线，后片设公主线分割。袖型为一片泡泡袖（图4-24）。

图4-24　公主线分割衬衫款式特征

（二）规格尺寸

公主线分割衬衫规格尺寸见表4-5。

表4-5　公主线分割衬衫规格尺寸　　　　　　　　　　单位：cm

部位	衣长（L）	胸围（B）	领围（N）	肩宽（S）	袖长（SL）	前腰节长	胸高位
规格	64	96	36	40	18	40	24

（三）结构制图

（1）前后片制图。

①绘制侧胸省女衬衫前后片，如图4-25所示。

要点提醒：

侧胸省放在胸围线处；后片如图绘制肩背省。

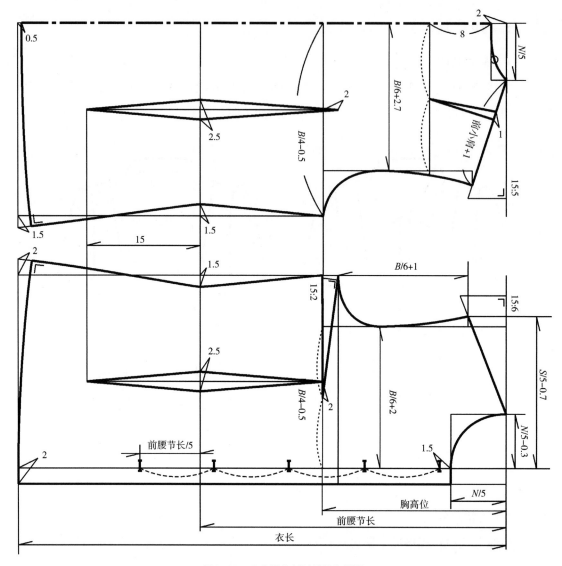

图4-25　公主线分割衬衫结构制图

②根据款式图前片合并侧胸省，省量转至肩胸省，后片肩省转至肩部中点，如图4-26所示。

③前后片腰省向下延伸至底边，如图4-27所示。

④前后片肩部向腰省处作公主线分割线，如图4-28所示。

⑤处理前片下摆，如图4-29所示。

（2）袖片制图。

①绘制普通短袖，如图4-30所示。

②袖山头展开，袖山弧线划顺，褶裥定位，如图4-31所示。

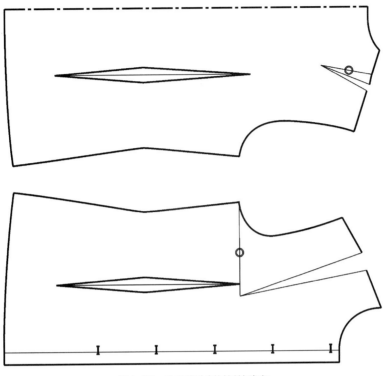

图4-26　公主线分割衬衫转移省

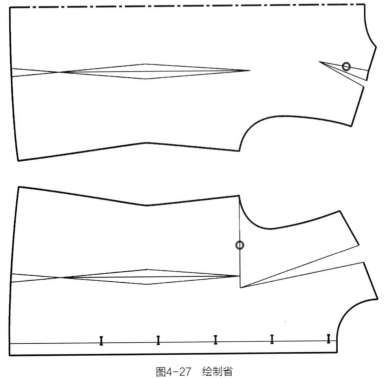

图4-27　绘制省

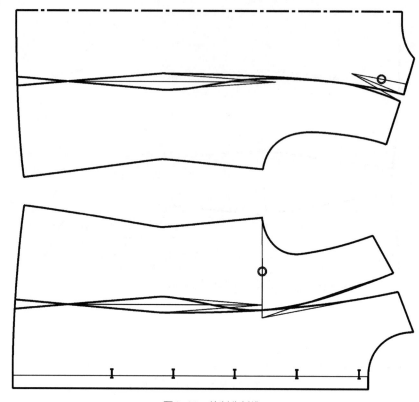

图4-28 绘制分割线

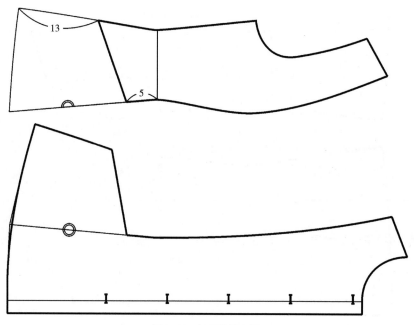

图4-29 处理前片下摆

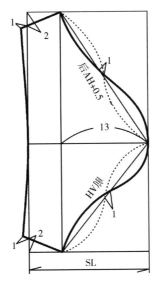

图4-30　普通衬衫袖子结构制图

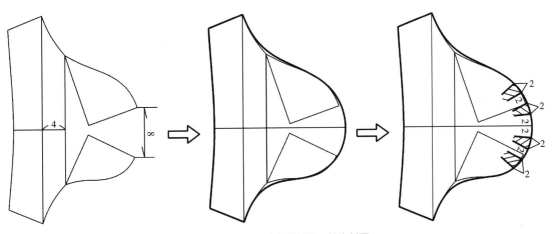

图4-31　公主线分割衬衫袖子结构制图

（3）领片制图同侧胸省女衬衫。

（四）主要裁片放缝图

公主线分割衬衫放缝图如图4-32所示。

三、西装领衬衫

（一）款式特征

领型为西装翻驳领。衣身合体，1粒扣，圆下摆，前片从肩部向下设L型分割线，左右L型分割下各设2个褶裥，后片设公主线分割线。袖型为一片式短袖（图4-33）。

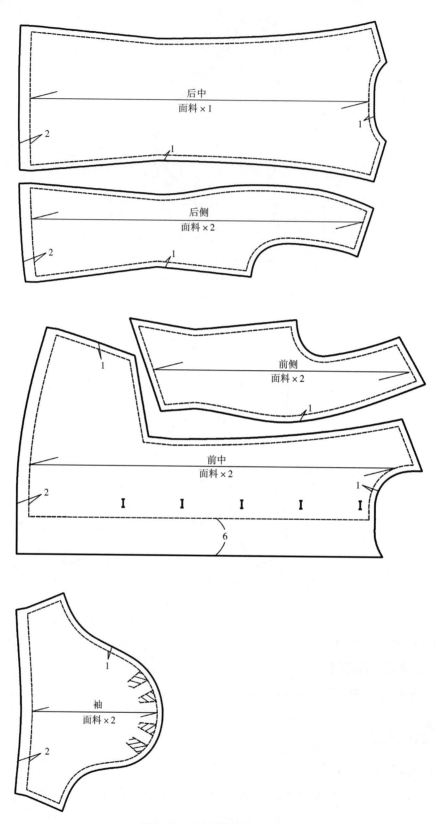

图4-32　公主线分割衬衫放缝图

图4-33　西装领衬衫款式特征

（二）规格尺寸

西装领衬衫规格尺寸见表4-6。

表4-6　西装领衬衫规格尺寸

单位：cm

部位	衣长（L）	胸围（B）	领围（N）	肩宽（S）	袖长（SL）	前腰节长	胸高位
规格	64	96	36	40	18	40	24

（三）结构制图

（1）前后片制图。

①绘制西装领女衬衫前后片制图，如图4-34所示。

要点提醒：

侧胸省放在胸围线处；后片绘制肩背省；前片西装领、圆下摆。

②公主分割线绘制，如图4-35所示。

③前片下摆处理，如图4-36所示。

（2）袖片制图同弧形分割女衬衫。

（3）领片制图，如图4-37所示。

设领脚高为$h_。$，翻领高为h。

$h_。=3$　　$h=4.5$

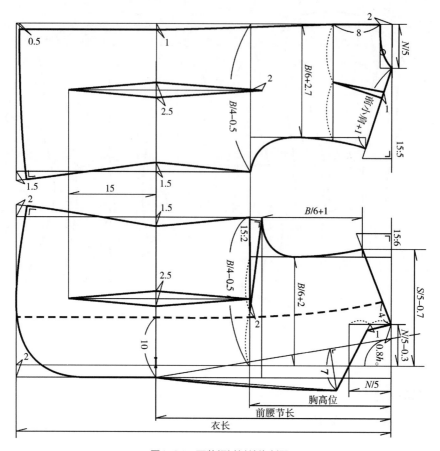

图4-34 西装领衬衫结构制图

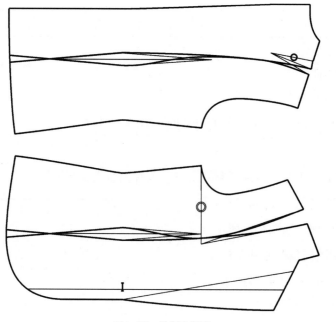

图4-35 绘制分割线

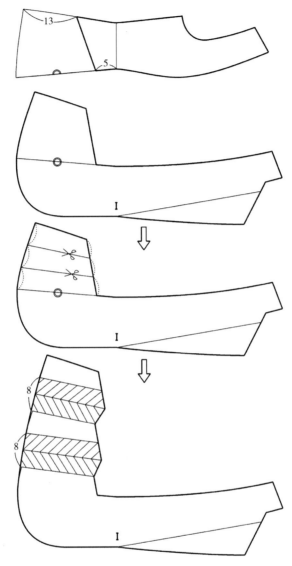

图4-36　前片下摆处理

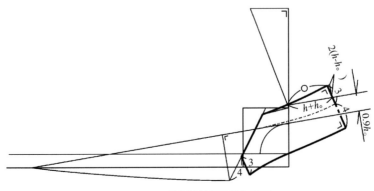

图4-37　西装领衬衫领子结构制图

（四）主要裁片放缝图。

西装领衬衫放缝图如图4-38所示。

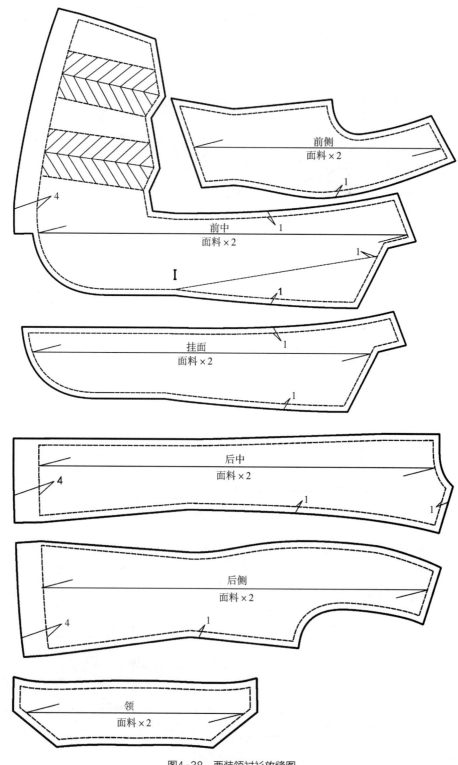

图4-38　西装领衬衫放缝图

拓展与练习

1. 根据款式图一绘制衬衫结构制图

①款式一如图4-39所示。

②规格尺寸见表4-7。

表4-7　款式一规格尺寸　　　　　　　　　　　　　　单位：cm

部位	衣长（L）	胸围（B）	领围（N）	肩宽（S）	袖长（SL）	前腰节长	胸高位
规格	62	96	36	40	18	40	24

图4-39　衬衫练习款式一

2. 根据款式图二绘制衬衫结构制图

①款式二如图4-40所示。

②规格尺寸见表4-8。

表4-8　款式二规格尺寸　　　　　　　　　　　　　　单位：cm

部位	衣长（L）	胸围（B）	领围（N）	肩宽（S）	袖长（SL）	前腰节长	胸高位
规格	64	96	36	40	18	40	24

图4-40 衬衫练习款式二

3. 根据款式图三绘制衬衫结构制图

①款式三如图4-41所示。

②规格尺寸见表4-9。

表4-9 款式三规格尺寸 单位：cm

部位	衣长（L）	胸围（B）	领围（N）	肩宽（S）	袖长（SL）	前腰节长	胸高位
规格	64	96	36	40	20	40	24

图4-41 衬衫练习款式三

项目五　正装结构制图

主题一　无袖旗袍

（一）款式特征

无袖旗袍整体为直摆修身造型，"S"型侧体轮廓明显，合体结构，一般在前胸右侧部位设置斜弧形开襟（大襟），领子采用对称的元宝形立领，七粒扣子分布在斜开襟和侧缝部位，前片收腋下省、收腰省，后篇收肩胛省、收腰省，下摆略收小（图5-1）。

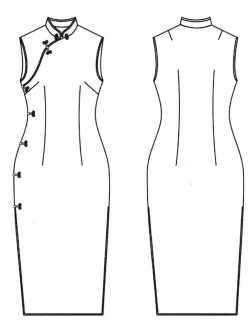

图5-1　无袖旗袍款式特征

（二）规格尺寸

无袖旗袍规格尺寸见表5-1。

表5-1　无袖旗袍规格尺寸

单位：cm

部位	裙长（L）	胸围（B）	领围（N）	肩宽（S）	臀围（H）	前腰节长	后腰节长	胸位高
规格	135	92	38	38	96	41.5	40	25

（三）结构制图

无袖旗袍结构制图按照款式要求，一般采用比例分配和优选数据定寸的方式绘制（图5-2）。

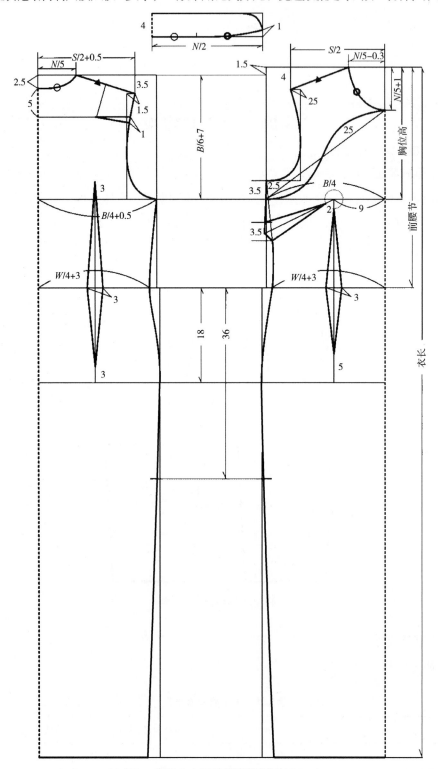

图5-2　无袖旗袍结构制图

要点提醒：

（1）腋下省设置在侧缝的胸围线至腰围线的中间处。

（2）后片肩胛省制图时取在后袖窿线上，然后通过省道转移至肩缝中间。

（3）最下面一粒纽扣位置处于前后片开衩处，一般设置在腰围线向下36～40cm处，具体数据可根据号型大小和款式变化合理取值。

（4）本款无袖旗袍滚边为0.3cm，领部、斜襟、袖窿、开衩、底边等沿边部位均需用滚边装饰。

（四）主要衣片放缝图

旗袍放缝边应根据款式和装饰（主要是滚边）而定，本款无袖旗袍采用全滚边形式，衣片加放缝边具有一般旗袍的典型特征（图5-3）。

图5-3　无袖旗袍衣片放缝图

要点提醒：

（1）前后身侧边放缝1.2cm，其他部位放缝1cm，下摆贴边宽度5cm。

（2）里襟（小襟）须把腋下省并合后连成整片，放缝份1cm。

（3）领子放缝份1cm，里衬与身片大小一致但底摆处放缝份3cm。

主题二　男西装

（一）款式特征

　　平驳领男西服是男西服中最常见的普通样式，原本是西式男装中的非正式服装，随着现代服装日趋休闲化，平驳领男西装由于其优雅的造型、合体的结构和流畅的线条，常被现代人们作为正装穿着（图5-4）。

图5-4　平驳领男西装款式特征

（二）规格尺寸

平驳领男西装规格尺寸见表5-2。

表5-2 平驳领男西装规格尺寸   单位：cm

部位	衣长（L）	胸围（B）	腰围（W）	领围（N）	肩宽（S）	腰节长	袖长	袖口围
规格	73	108	100	42	45	43	57	30

（三）结构制图

平驳领男西装结构制图的方法很多，大多采用比例分配结合优选数据定寸的方式绘制（图5-5）。

要点提醒：

（1）前后片横向长度为"$B/2+4$"，其中，"4"是制图时预先加入的"前侧缝"、"后侧缝"、"后中缝"分割线部分的浮余量。

（2）驳领翻折点定于腰围线和搭门线交叉处，领子倒伏量2.5cm。

（3）袖片的袖底线与身片袖窿深线齐平，袖肘线与身片腰围线齐平。

（四）主要裁片放缝图

男西装身片、里衬放缝边应根据部位和作用有所差异，平驳领男西装是一种普通款式，具有一般西服的典型特征。

要点提醒：

（1）衣身片：后中放缝2cm，前后身、袖片、挂面纵向放缝1~1.2cm，其他部位放缝1cm，底边和袖口放缝边4cm，袖衩放缝3.5cm，袖衩长10~11cm（图5-6）。

（2）身片里衬片：纵向放缝一般为1~1.2cm，后中缝上部放缝2.5cm，腰节以下2cm，其他部位放缝边1cm，下摆底边放缝2cm（图5-7）。

（3）袖子里衬片：大小袖片里衬在袖底缝处向上2cm，向外1.5cm，袖口放缝1.5cm（图5-7）。

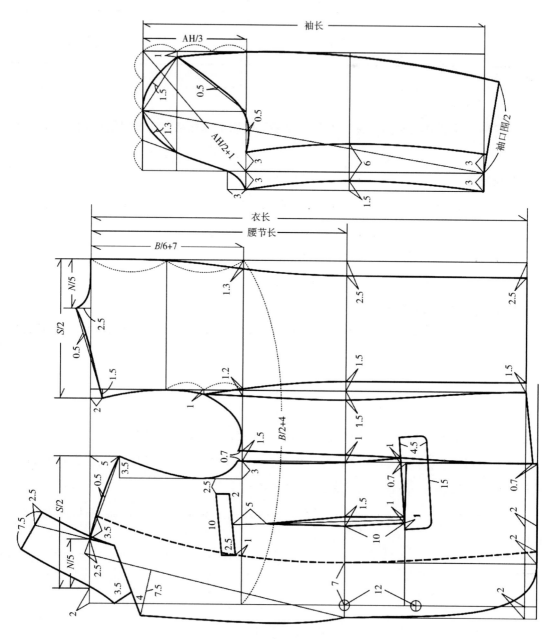

图5-5　平驳领男西装结构制图

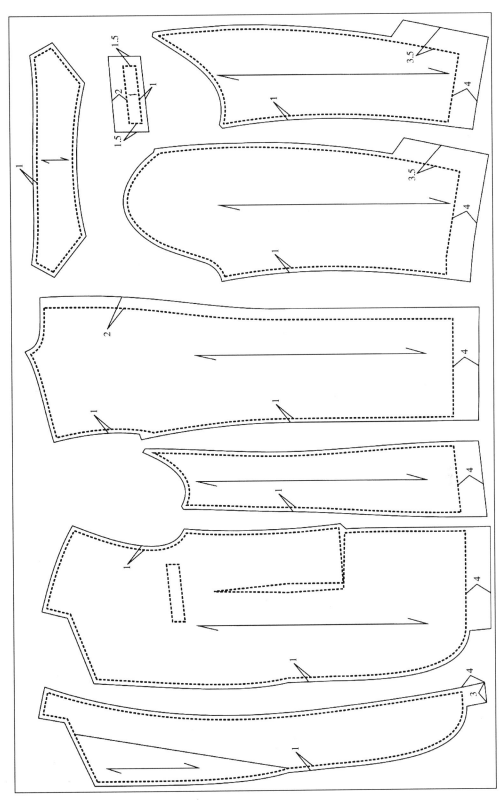

图5-6　平驳领男西装衣身片放缝图

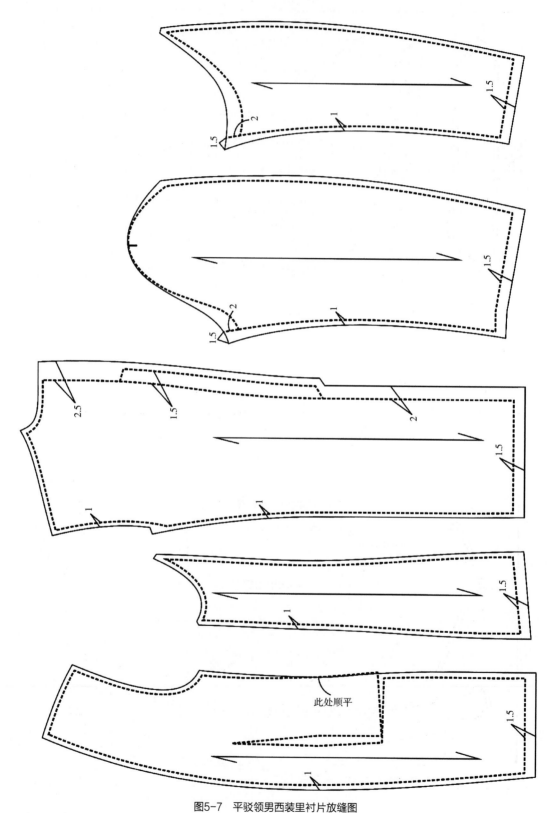

图5-7 平驳领男西装里衬片放缝图

主题三　男士大衣

（一）款式特征

男士大衣是男士正装中的常规样式，是男士们在冬天参加在室外举办的较正式聚会时穿着的一般服装。随着现代服装的流行，男士大衣作为一种经典样式，成为许多流行男装外套赖以变化和创意的基础款式和结构样式（图5-8）。

图5-8　男士大衣的基本款式特征

（二）规格尺寸

男士大衣规格尺寸见表5-3。

表5-3　男士大衣规格尺寸

单位：cm

部位	衣长（L）	胸围（B）	腰围（W）	领围（N）	肩宽（S）	腰节长	袖长	袖口围
规格	85	118	109	45	47	44	60	34

（三）结构制图

男士大衣是一种普通款式，具有一般男士大衣的典型特征，其结构制图采用比例分配法结合优选数据定寸的方式绘制（图5-9），易于初学者掌握。

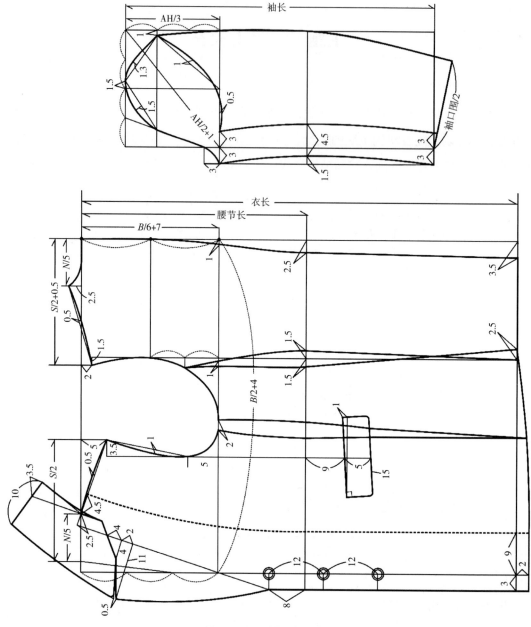

图5-9 男士大衣结构制图

要点提醒：

（1）前后片横向长度为"$B/2+4$"，其中，"4"是制图时预先加入的"前侧缝"、"后侧缝"、"后中缝"分割线部分的浮余量。

（2）驳领翻折点定于腰围线和搭门线交叉向上8cm处，领子倒伏量3.5cm。

（3）袖片的袖底线与身片袖窿深线齐平，袖肘线与身片腰围线齐平。

（四）主要裁片放缝图

与男西装有所相似，男士大衣的身片、里衬放缝边根据部位、作用和工艺制作方法各有差异，本款列举的放缝边方法具有一般工业样板的基本特征。

要点提醒：

（1）衣身片：后中放缝2.5cm，前后身、袖片、挂面放缝1.2cm，底边和袖口放缝边4cm，袖衩放缝3.5 cm，袖衩长14cm（图5-10）。

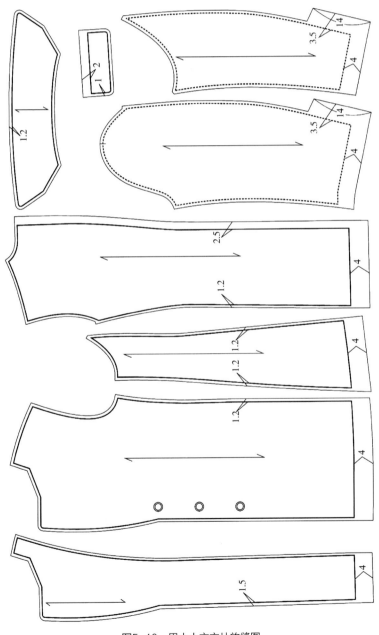

图5-10　男士大衣衣片放缝图

（2）身片里衬片：里衬一般放缝为1.2cm，后中缝放缝2.5cm，下摆底边放缝2cm（图5-11）。

（3）袖子里衬片：大小袖片里衬在袖底缝处向上2cm，向外1.5cm，袖口放缝2cm（图5-11）。

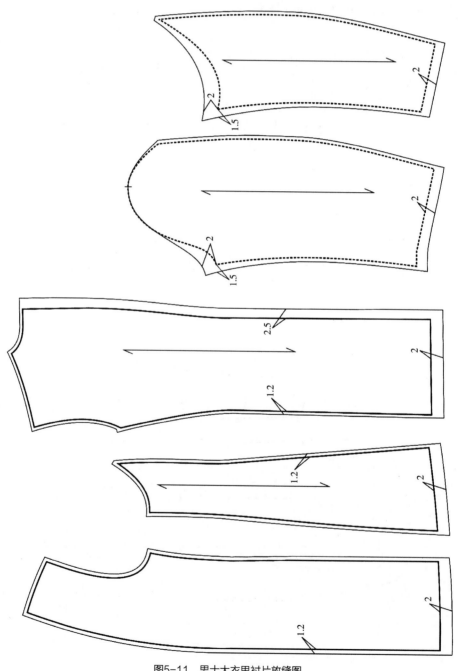

图5-11　男士大衣里衬片放缝图

参考文献

［1］徐雅琴.服装结构制图［M］.北京：高等教育出版社，2012.

［2］张祖芳.服装平面结构设计［M］.上海：人民美术出版社，2009.